SOY PULMONARIA

Texto, ilustraciones y maquetación: Marta González Blázquez

Contacto: bajoelhelecho@gmail.com
Síguenos en Instagram: @colección_maleza

2

¡Hola! Me llamo Pulmonaria.
Soy una planta silvestre y
me encanta vivir a la sombra,
generalmente en el bosque o al
borde de algún camino.

Puedes reconocerme muy fácilmente por
mis hojas, ya que tienen unas
manchas blancas o grises
inconfundibles y, también,
unos pelillos y una textura
ligeramente áspera.
Cuando salen, mis flores son rosas
o púrpuras y forman grupos en
lo alto del tallo.

Mi nombre hace referencia al pulmón,
pero ¡no sólo en castellano!
En inglés, mi nombre es "lungwort"
(lung = pulmón; wort = hierba),
en alemán "lungenkraut"
(lunge = pulmón; kraut = hierba) y,
en gallego "herba dos bofes",
que son los pulmones de los animales.

Antiguamente se creía que
las cosas, cuando se parecían,
estaban relacionadas.
Y mis hojas manchadas parecen
un pulmón enfermo.
Pero, ¡es que realmente ayudo
con problemas pulmonares!

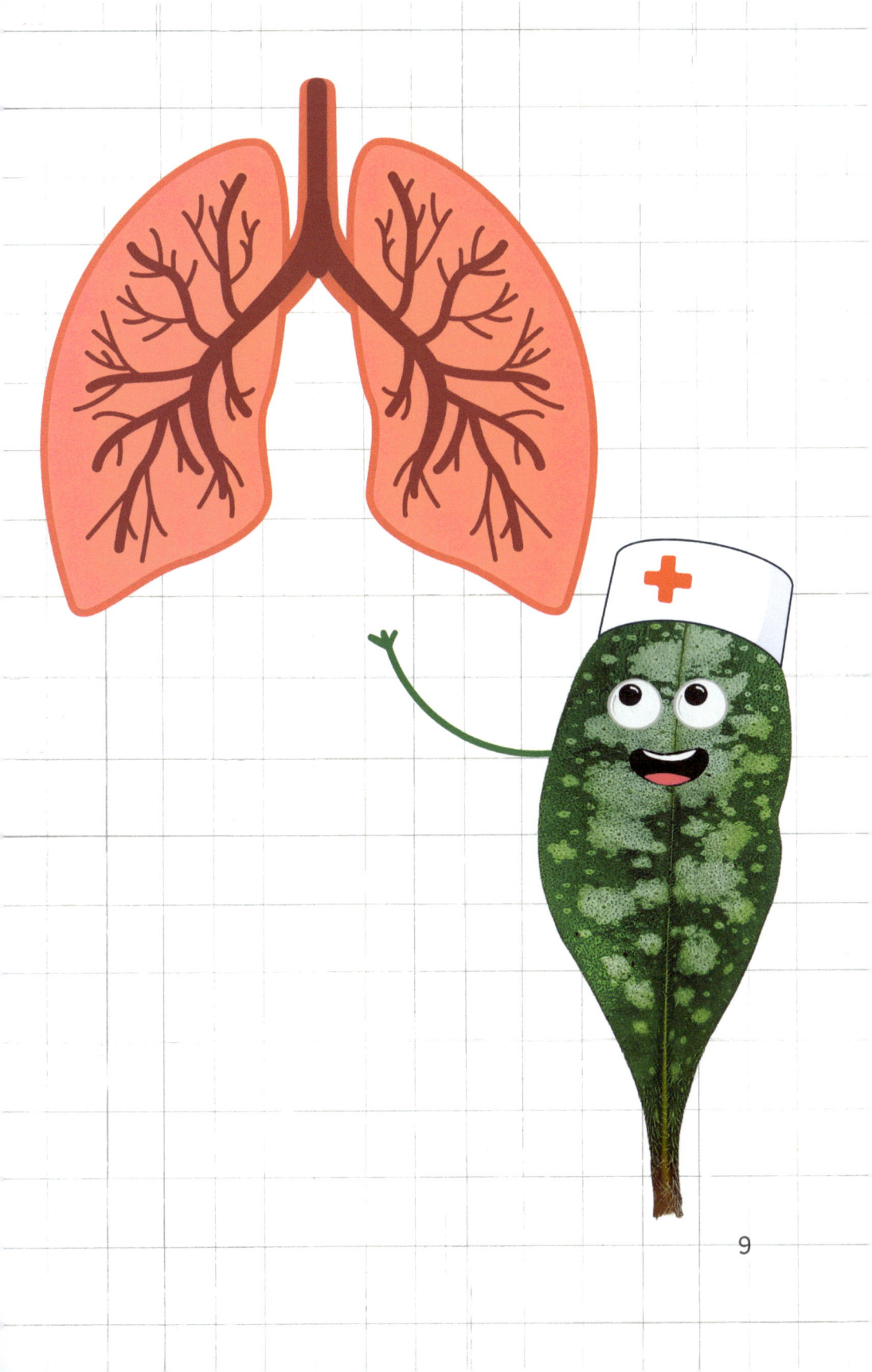

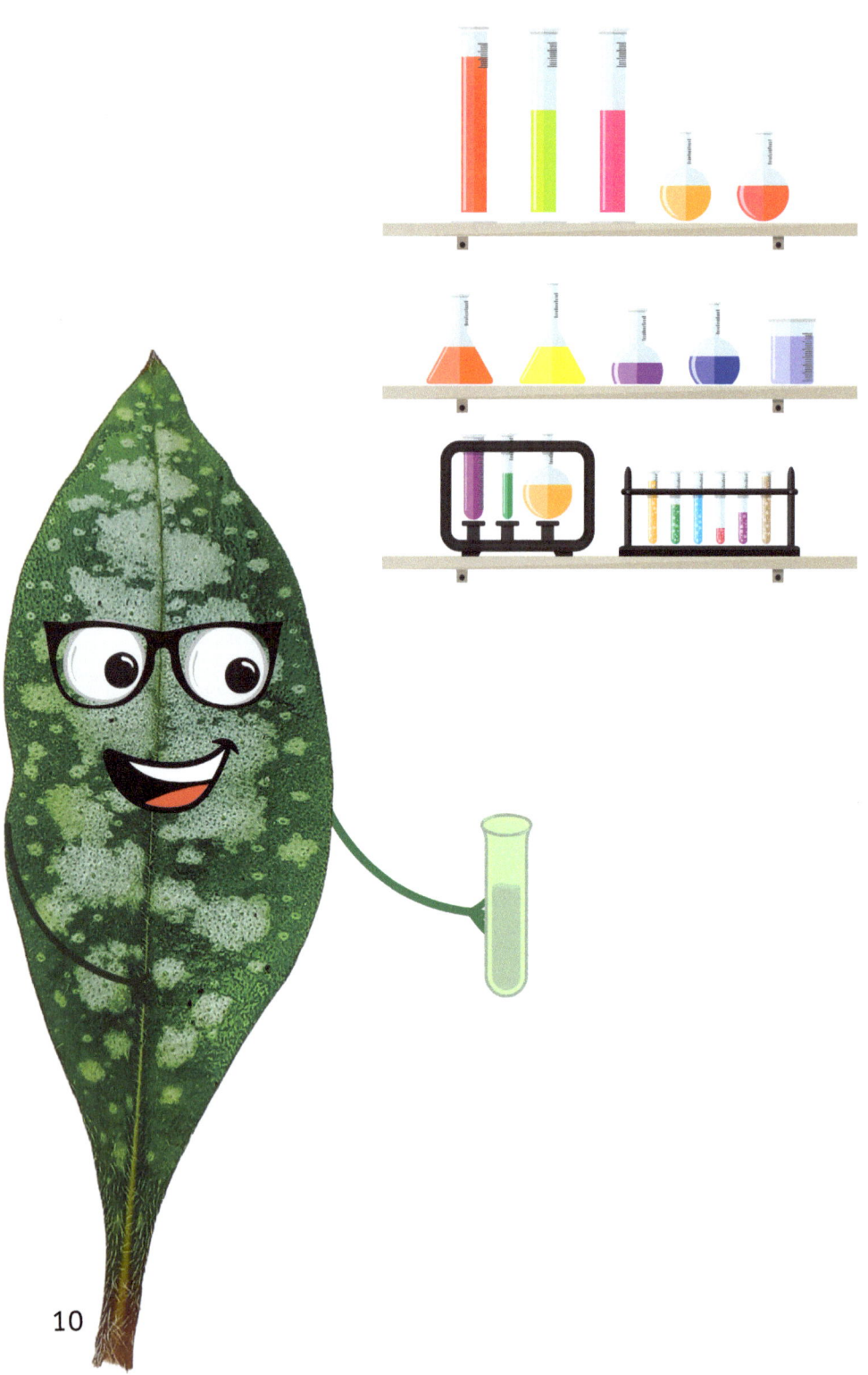

Sí, tengo propiedades medicinales.
Una de mis sustancias químicas* ayuda a
recuperar las mucosas de las
vías respiratorias y, además,
a expulsar mocos y flemas
cuando tienes constipado.

Tomar infusión de mis hojas y flores
aliviará tu catarro
y la irritación de garganta,
¡es muy fácil!

* La alantoína.

Guárdame seca en un bote hermético y me tendrás siempre disponible.

Infusión de pulmonaria

Necesitarás:
- 2 cucharadas de hojas secas
- 2 vasos de agua
- miel al gusto

Pon a hervir agua y, una vez que burbujee, viértela
sobre las hojas. Deja que repose 10 minutos.
Cuela la infusión y añade la miel.
Toma 2 ó 3 veces al día durante varios días.

Idea

Puedes comprar mis hojas secas
en una herboristería o recogerme y
secarme tú. La planta fresca también puede
utilizarse pero, si me guardas seca,
será más fácil que aproveches
mis propiedades sin necesidad
de salir a buscarme.

Pulmonaria

También soy cicatrizante:
utiliza una infusión sólo con planta
y agua (sin miel), para lavar tus heridas.
O puedes hacer una papilla con mis
hojas frescas y colocarme sobre una
herida o quemadura.

Tengo propiedades antibacterianas,
antiinflamatorias y cicatrizantes.

Además, mis hojas tienen mucílagos. Los mucílagos son una sustancia que se disuelve y crea una especie de gelatina. Esta gelatina también ayuda con el catarro y, además, sirve para que tus intestinos funcionen bien.

¿Te suena la frase

"Que tu alimento sea tu medicina"?

Si me comes, todas mis propiedades

estarán contigo.

Sí, crudas o cocinadas,

mis hojas y flores son comestibles.

Las hojas más grandes, que tendrán

más pelillos,

mejor consúmelas cocinadas.

Añádeme a ensaladas, pestos,

vinagretas, guisos, empanadas...

19

Quiche silvestre

Necesitarás:
1 masa de hojaldre, 6 huevos, pulmonaria y otras plantas silvestres comestibles (puedes usar verduras),
250 gr de champiñones, 1 yogur natural sin azúcar, pimienta negra, una pizca de sal, queso rallado (opcional).

Lava y deja escurriendo las plantas y los champiñones. Mientras, bate los huevos y, una vez bien batidos, añade el yogur. Mezcla bien.
Corta bien pequeñita la verdura y los champiñones y añádelos a la mezcla de huevo y yogur.
Añade la sal y la pimienta.
Sobre papel de horno, extiende la masa en un molde o bandeja, que deje los lados de la masa algo elevados (para que contengan el relleno). Cuando la masa esté colocada, vierte encima la mezcla que has hecho y asegúrate de que la verdura queda bien repartida por toda la base.
Si te apetece, puedes añadir queso rallado por encima.
Hornea 20-25 min a 180 grados y ¡a disfrutar!

Sería estupendo ser parte de tu vida
pero es importante que tengas
en cuenta varias cosas:

Recógeme sólo en lugares limpios,
sin pis ni caca de animales
y sin químicos.
Lo mejor es en el campo,
sólo cuando me veas bien bonita.

Si me pones a la sombra en
una maceta, en un lugar fresco
y húmedo, puedo vivir cerca de tí.
Ten en cuenta mis necesidades y,
si no puedes cuidarme,
déjame vivir en el campo.

Si tienes alergia, ¡ve con cuidado!
Podría afectarte y
no quiero hacerte daño.

Nunca dejes basura en tus excursiones o paseos y, si la ves, recógela aunque no sea tuya.

No es tu basura, pero sí tu mundo.

Te cuido, me cuidas, nos cuidamos.

¡Te veo en el campito!

La Colección Maleza al completo.
¿Ya nos conoces a todas?

Recorta esta ficha y plastifícala
para poder llevarla a tus
excursiones. Así, podrás
asegurarte de que me reconoces
cuando me encuentres.
¡Nos vemos en el bosque!

PULMONARIA
Pulmonaria officinalis

Hábitat: a la sombra en el bosque o bordes de caminos.

Descripción: entre 20 y 30 cm de altura. Hojas con manchas blancas/grisáceas y pelillos en la parte interna. Flores violetas o rosas en la parte superior de los tallos.

Confusiones: ninguna.

Usos: sus hojas y flores son comestibles, crudas o cocinadas (si no son muy tiernas, las hojas mejor cocinadas, para evitar los pelillos).

Es medicinal: en infusión para catarros o problemas respiratorios. El jugo o polvo para cicatrizar heridas.

Recolección: cualquier momento.